# So wird es gemacht:

Öffne das miniLÜK®-Kontrollgerät und lege die Plättchen in den unbedruckten Deckel! Jetzt kannst du auf den Plättchen und im Geräteboden die Zahlen 1 bis 12 sehen.

Beispiel: Seite 4 *Verkehrszeichen*
Nimm das Plättchen 1, sieh dir Aufgabe 1 an und finde die Lösung. Neben der passenden Hälfte steht die Zahl 9. Die 9 ist die Feldzahl, auf die du das Plättchen 1 legst, also Plättchen 1 auf Feld 9 im Geräteboden! Die Zahl 1 muss nach oben zeigen.

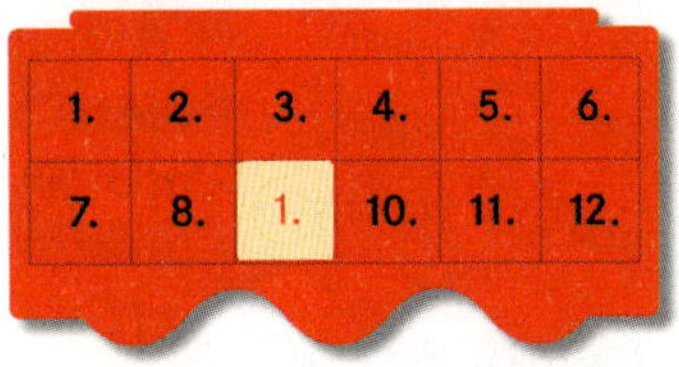


So arbeitest du weiter, bis alle Plättchen im Geräteboden liegen. Schließe dann das Gerät und drehe es um! Öffne es von der Rückseite!

Wenn du das bei der Übungsreihe abgebildete Lösungsmuster siehst, hast du alle Aufgaben richtig gelöst. Passen einige Plättchen nicht in das Muster, dann hast du dort Fehler gemacht. Drehe diese Plättchen da, wo sie liegen, um, schließe das Gerät, drehe es um und öffne es wieder! Jetzt kannst du sehen, welche Aufgaben du falsch gelöst hast.

Nimm diese Plättchen heraus und suche die richtigen Ergebnisse! Kontrolliere dann noch einmal! Stimmt jetzt das Muster?

Das System ist für alle Übungen gleich: Die roten Aufgabennummern im Heft entsprechen immer den miniLÜK-Plättchen aus dem Kontrollgerät. Die Zahlen hinter den Lösungen sagen dir, auf welche Felder im Kontrollgerät die Plättchen gelegt werden müssen.

**VIEL VERGNÜGEN!**

# Sicher zur Schule!

**Darauf musst du immer achten!**

1. Helle Kleidung bringt dir Sicherheit!
2. Geh auf dem Fußweg rechts!
3. Sei vor Grundstücksausfahrten besonders vorsichtig!
4. Verkehrshelfer (Schülerlotsen) sichern dir den Überweg!
5. Lass dich auf dem Weg zur Schule nicht ablenken!
6. Wenn deine Ampel rot zeigt, warte vor der Kreuzung, damit du niemanden behinderst!

7. Laufe nicht zwischen parkenden Autos hervor!
8. Achte auch bei Grün auf Abbieger und andere Verkehrsteilnehmer, wenn du über die Straße gehst, auch wenn deine Ampel Grün zeigt!
9. Fahre nicht auf dem Skateboard zur Schule!
10. Drängele nicht beim Warten auf den Schulbus!
11. Denke daran, den Fußgängerüberweg zu benutzen. Falls kein Überweg in der Nähe ist, schau dich um, bevor du vom Gehweg auf die Fahrbahn trittst!

# Verkehrszeichen

Setze die Teile richtig zusammen!

1

2

3

4

5

6

7

8

9

10

11

12

rkehrs-
helfer
1
2
3
4
5
6
ZONE
7
8
9
10
11
12
Verkehrs-
helfer
ZONE

# Verhalten im Straßenverkehr

Wo ist es richtig? ☺ Wo ist es falsch? ☹

7

9 10

8

1 5

9

8 5

10

9 11

11

11 7

12

3 8

# Diese Verkehrszeichen solltest du dir merken!

Gefahrstelle

Baustelle

Kinder

Verbot für Fußgänger

Vorfahrt

Vorfahrt gewähren!

Halt!
Vorfahrt gewähren!

Verengte Fahrbahn

Vorfahrtstraße

Polizei

Verbot für
Fahrzeuge aller Art

Verbot für Radfahrer

Sieh dir die Übersicht aufmerksam an!

Einbahnstraße

Einbahnstraße

Fußgängerüberweg

Verbot der Einfahrt

gemeinsamer Fuß- und Radweg

getrennter Rad- und Fußweg

Beginn eines Fußgängerbereichs

Ende eines Fußgängerbereichs

Beginn eines verkehrsberuhigten Bereichs

unbeschrankter Bahnübergang

Bahnübergang mit Schranken oder Halbschranken

Ende eines verkehrsberuhigten Bereichs

# Kennst du diese Verkehrszeichen?

- gemeinsamer Fuß- und Radweg (7)
- Verbot für Radfahrer (11)
- Sonderweg für Radfahrer (10)
- Vorfahrt gewähren! (9)
- Fußgängerüberweg (8)
- Verbot für Fußgänger (5)

7

8

9

10

11

12

Kinder
2

Halt!
Vorfahrt gewähren!
6

Einbahnstraße
4

Verbot für
Fahrzeuge aller Art
3

getrennter
Rad- und Fußweg
12

Sonderweg
für Fußgänger
1

# Was bedeuten diese Verkehrszeichen?

1

2

3

4

5

6

Beginn eines Fußgängerbereichs
(6)

Vorfahrt
(1)

Beginn eines verkehrsberuhigten Bereichs
(9)

Haltestellen Straßenbahnen oder Linienbusse
(2)

Fußgängerunter- oder -überführung
(5)

Vorfahrtstraße
(3)

7

8

9

10

11

12

Ende eines Fußgängerbereichs (11)

Ende eines verkehrsberuhigten Bereichs (10)

Verkehrshelfer (7)

Erste Hilfe (12)

Einbahnstraße (4)

Verbot der Einfahrt (8)

## Welche Verkehrszeichen sind gemeint?

1 Baustelle links neben Gefahrstelle

2 Kinder links oberhalb von Vorfahrt gewähren!

3 Verbot für Fußgänger unter Fußgängerüberweg

4 gemeinsamer Fuß- und Radweg rechts neben Vorfahrtstraße

5 Polizei unter unbeschrankter Bahnübergang

6 Halt! Vorfahrt gewähren! unterhalb von Kinder

7 Vorfahrt neben Gefahrstelle

8 getrennter Fuß- und Radweg oberhalb von Kinder

9 Verbot für Radfahrer über Einbahnstraße

10 Beginn eines verkehrsberuhigten Bereichs unterhalb von Kinder

11 Baustelle neben Verbot der Einfahrt

12 Verbot für Fahrzeuge aller Art über Vorfahrtstraße

7
6
5
STOP
3
9
8
Polizei
12
1
2
10
11
4

# Verschiedene Farben

Suche die passenden Fahrzeuge!

1 Ein roter Pkw mit einem grünen Dach.

2 Ein roter Pkw mit einem gelben Dach.

3 Ein grüner Lkw mit einer gelben Banane.

4 Ein grüner Lkw mit einer roten Banane.

5 Ein roter Lkw mit einer gelben Banane.

6 Ein roter Lkw mit einer grünen Banane.

7 Ein gelber Pkw mit einem grünen Dach.

8 Ein gelber Pkw mit einem roten Dach.

9 Ein grüner Pkw mit einem roten Dach.

10 Ein grüner Pkw mit einem gelben Dach.

11 Ein gelber Lkw mit einer roten Banane.

12 Ein gelber Lkw mit einer grünen Banane.

2

4

5

11

7

8

12

3

6

1

10

9

# Nach rechts oder nach links?

1 Der rote Radfahrer fährt nach links.

2 Das grüne Auto fährt nach rechts.

3 Der blaue Radfahrer fährt nach rechts.

4 Das grüne Auto fährt nach links.

5 Der grüne Radfahrer fährt nach links.

6 Das blaue Auto fährt nach rechts.

7 Der rote Radfahrer fährt nach rechts.

8 Der grüne Radfahrer fährt nach rechts.

9 Das rote Auto fährt nach rechts.

10 Das blaue Auto fährt nach links.

11 Das rote Auto fährt nach links.

12 Der blaue Radfahrer fährt nach links.

7

5

1

3

2

6

8

9

4

12

10

11

# Kannst du Rot und Grün unterscheiden?

1

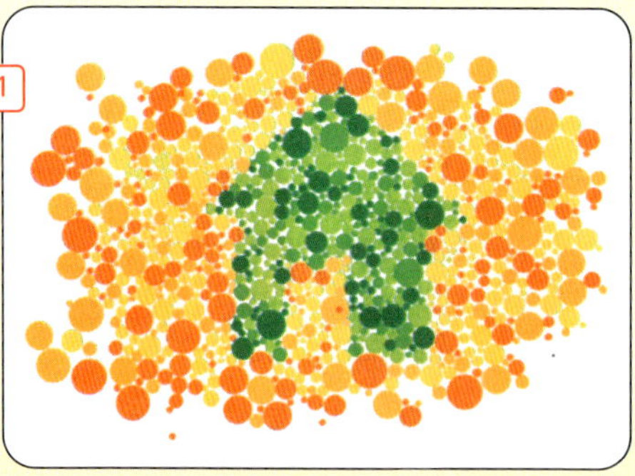

Ich sehe ein Haus. (7)

Ich sehe einen Apfel. (8)

2

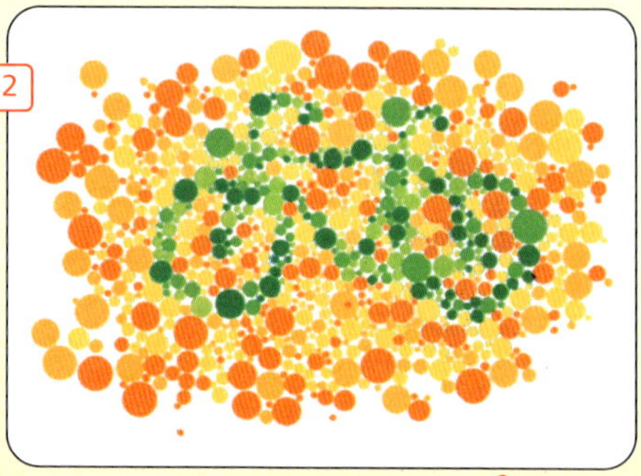

Ich sehe einen Baum. (6)

Ich sehe ein Fahrrad. (4)

3

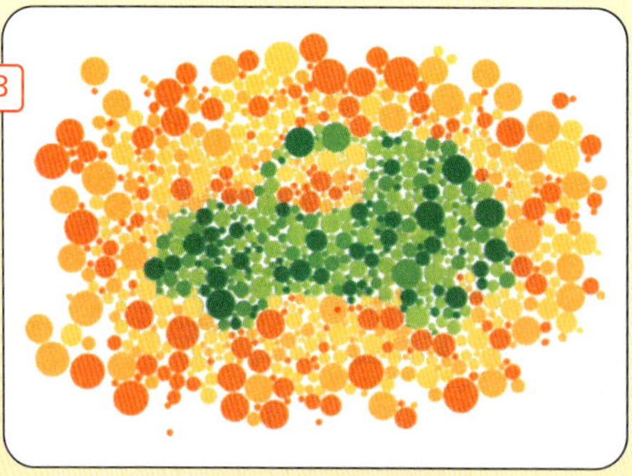

Ich sehe eine Brille. (3)

Ich sehe ein Auto. (12)

4

Ich sehe eine Sonne. (8)

Ich sehe ein Pferd. (2)

5

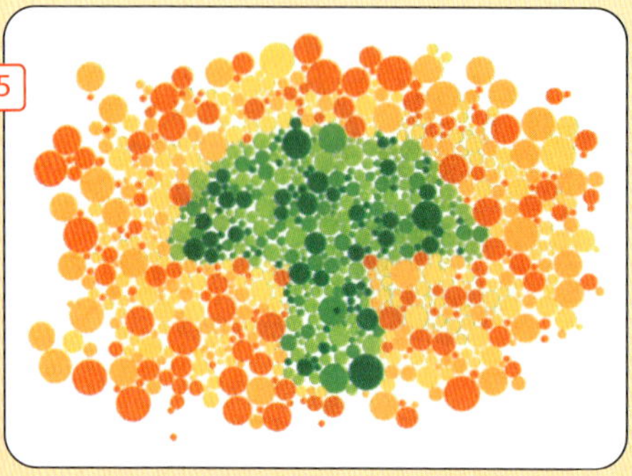

Ich sehe einen Ball. (10)

Ich sehe einen Pilz. (6)

6

Ich sehe ein Schiff. (11)

Ich sehe eine Uhr. (3)

7

Ich sehe ein Schiff. (2)

Ich sehe eine Sonne. (1)

8

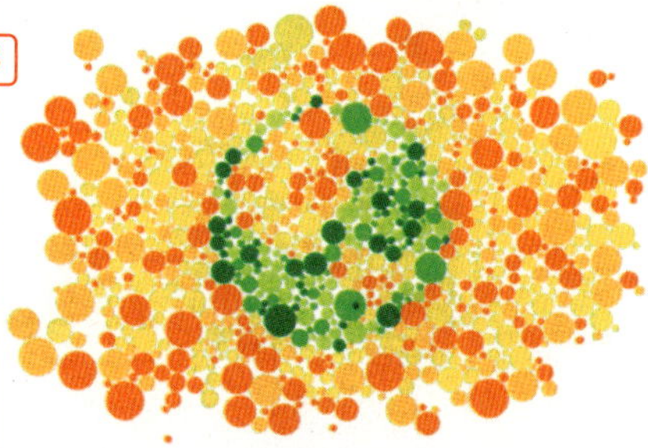

Ich sehe ein Auto. (5)

Ich sehe einen Ball. (10)

9

Ich sehe einen Apfel. (11)

Ich sehe ein Haus. (9)

10

Ich sehe ein Pferd. (1)

Ich sehe eine Uhr. (7)

11

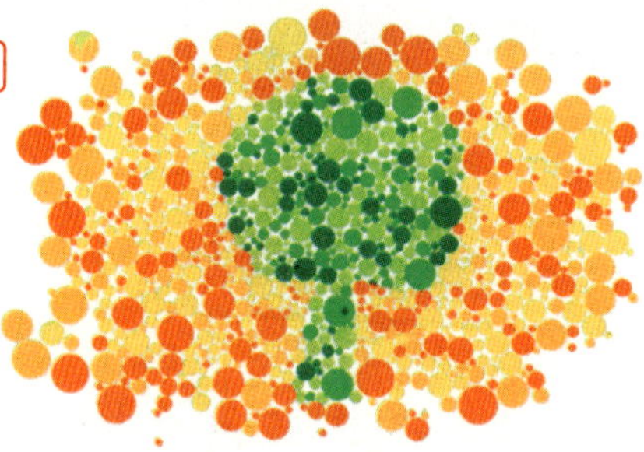

Ich sehe ein Fahrrad. (4)

Ich sehe einen Baum. (5)

12

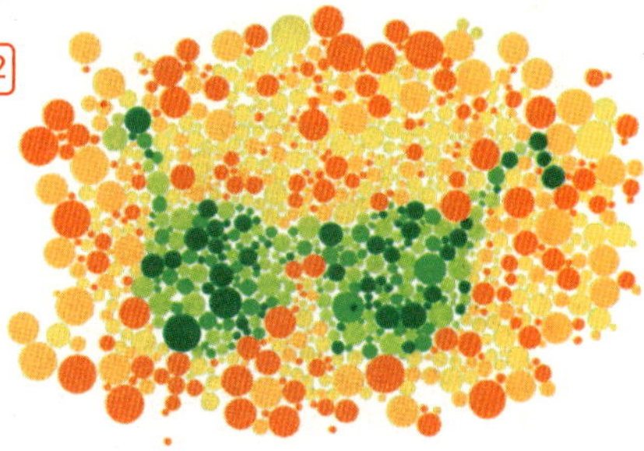

Ich sehe eine Brille. (9)

Ich sehe einen Pilz. (12)

# Wo sind Tim und Tine?

Tim steht vor der Ampel. 2

Tim steht neben der Ampel. 7

Tine ist hinter dem Auto. 10

Tine ist auf dem Auto. 6

Tine ist auf dem Zebrastreifen. 12

Tine ist neben dem Zebrastreifen. 9

Tim ist zwischen den Bäumen. 2

Tim ist hinter den Bäumen. 8

Tim ist unter dem Dach. 6

Tim ist auf dem Dach. 4

Tine ist unter dem Taxi. 5

Tine ist in dem Taxi. 9

7

Tine steht über dem Schaufenster. 2

Tine steht vor dem Schaufenster. 8

8

Tim steht neben Tine. 4

Tim steht hinter Tine. 11

9

Tim steht zwischen den Bussen. 3

Tim steht im Bus. 5

10

Tine steht neben dem Fußweg. 7

Tine steht auf dem Fußweg. 1

11

Tine steht vor der Feuerwehr. 11

Tine steht unter der Feuerwehr. 10

12

Tim steht auf dem Fahrrad. 12

Tim steht zwischen den Fahrrädern. 3

# Das verkehrssichere Fahrrad

Ordne die Fahrradteile richtig zu!

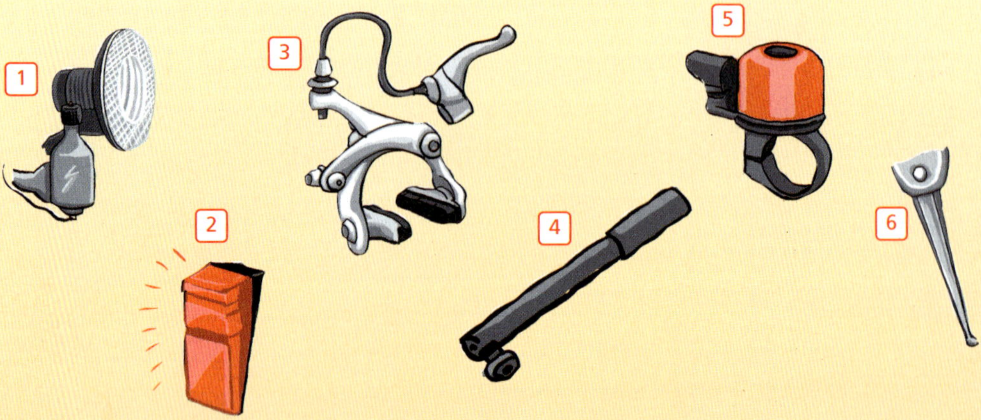


Lampe mit Dynamo 5

Vorderradbremse 2

Luftpumpe 6

Fahrradständer 4

Klingel 8

Rotes Rücklicht und Rückstrahler 3

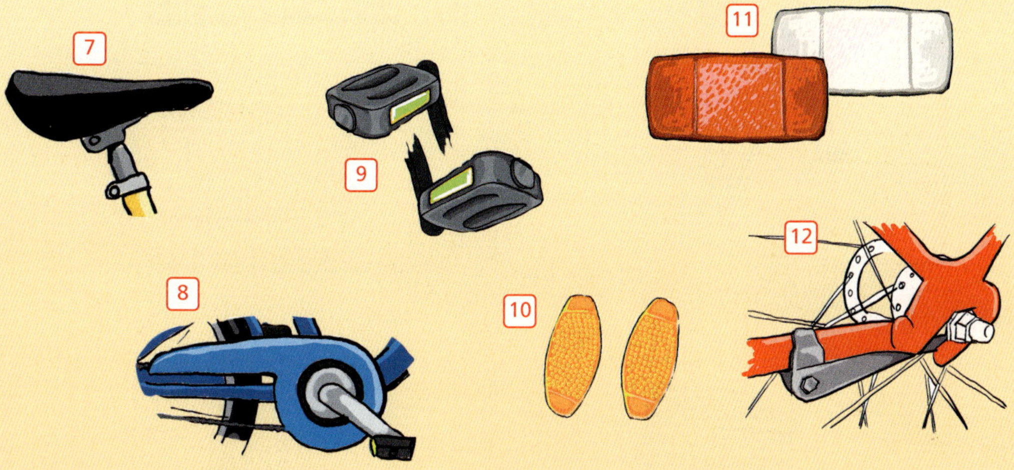


Hinterradbremse (Rücktritt) 10

Speichenreflektoren 11

Kettenschutz 9

Sattel 12

gelbe Pedalrückstrahler 1

Großflächenrückstrahler 7

# Welche Teile gehören zum Fahrrad?

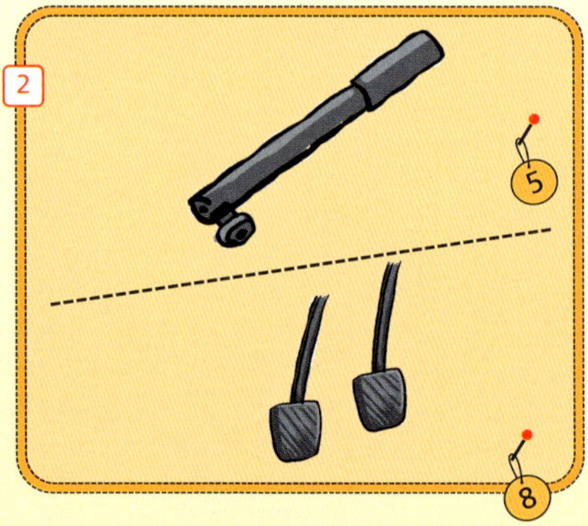


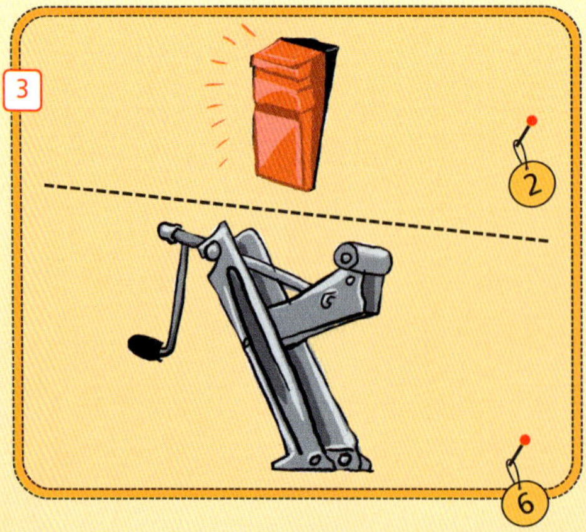


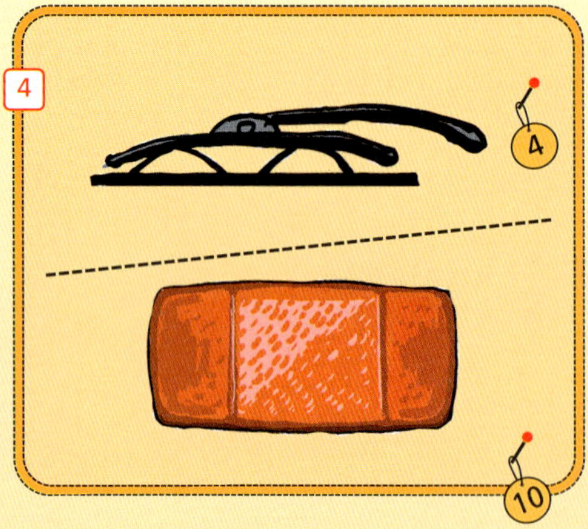


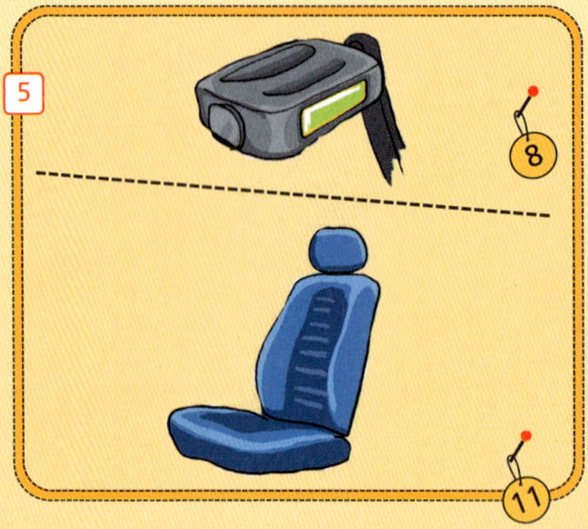

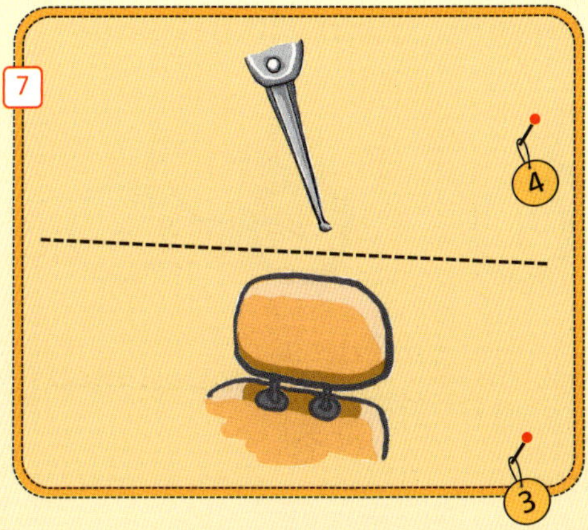
7
4
3

8
7
11

9
1
12

10
3
9

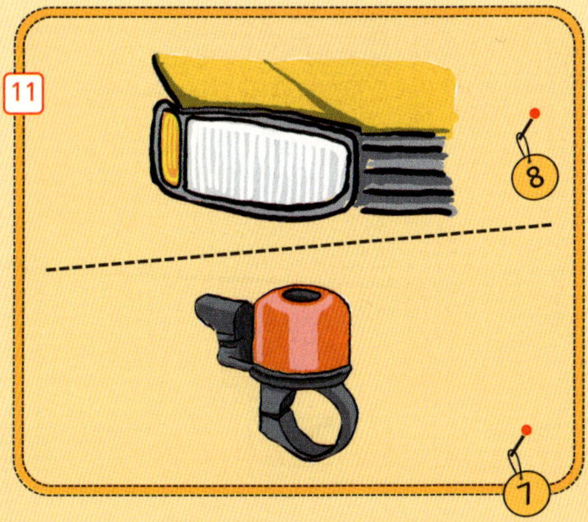
11
8
1

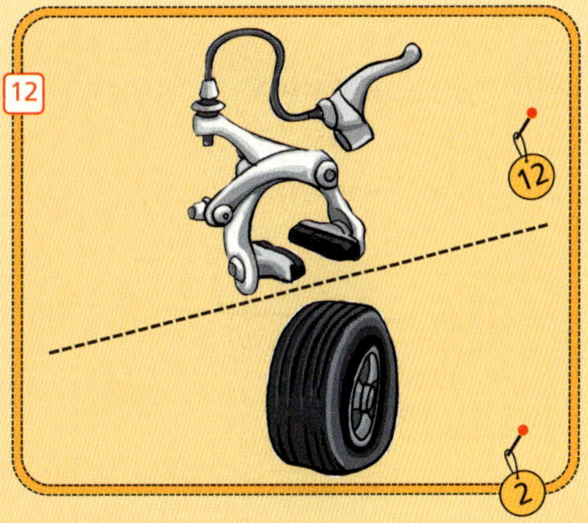
12
12
2

# Welches Fahrradteil fehlt?

1

2

3

4

5

6

7

8

9

10

11

12

Rotes Rücklicht und Rückstrahler 11
Großflächenrückstrahler 10
Klingel 8
Vorderradbremse 1
Lampe 4
Fahrradständer 3
Luftpumpe 6
Hinterrad 12
Sattel 2
Kettenschutz 9
Speichenstrahler 5
Pedalen 7

# Es ist laut auf der Straße. Lass dich nicht ablenken!

1 Zwei Männer streiten sich.

2 Ein Hund bellt.

3 Der Radfahrer klingelt.

4 Ein Junge hört Radio.

5 Die Autoreifen quietschen.

6 Die Feuerwehr macht "Tatü-tata".

7 Die Kirchenglocken läuten.

8 Die Straßenbahn klingelt.

9 Die Sirene heult auf.

10 Ein altes Motorrad knattert.

11 Das Baby schreit.

12 Der Presslufthammer dröhnt.

# Ist das richtig? Ja ☺ oder Nein ☹?

1 Diese Farbe bedeutet „Halt!". ☺ 2 ☹ 7

2 Tim steht auf der Kiste. ☺ 11 ☹ 10

3 Dieses Zeichen gilt nur für Fußgänger. ☺ 9 ☹ 5

4 Hier dürfen Kinder spielen. ☺ 7 ☹ 1

5 Hier müssen Radfahrer fahren. ☺ 11 ☹ 4

6 Die rote Farbe ist links. ☺ 12 ☹ 9

7 Autos fahren oft schnell. ☺ 1 ☹ 8

8 Eine Klingel gehört zum Fahrrad. ☺ 4 ☹ 6

9 Freihändig fahren ist erlaubt. ☺ 3 ☹ 12

10 Auch auf Gehwegen musst du aufpassen. ☺ 8 ☹ 2

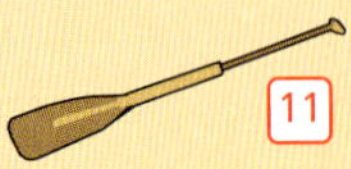

11 Ein Paddel gehört zu jedem Fahrrad. ☺ 10 ☹ 6

12 Dieses Zeichen zeigt nach links. ☺ 5 ☹ 3